Anne Rooney

[英] 安妮·鲁尼 ★ 编

邢立达　刘畅 ★ 译

Microfacts!
500 Fantastic Facts
About Dinosaurs

5/1/1个万万没想到 下

奇妙的恐龙

华东师范大学出版社
上海

恐龙们可能会迁徙

许多现代的动物们在冬天都会迁徙到更温暖的地方。毕竟，如果你一整年都待在冰天雪地的地方并不是一件有趣的事情，毕竟你可能会因为缺少食物而挨饿。

恐龙们很可能也会迁徙。尽管当时的世界比现在暖和许多，但是在冬天，接近南北极的地方还是会出现极夜。所以，恐龙们很可能会迁移到其他地方，来度过这段很长时间的黑夜。

尽管每小时只能够行走约1.6千米，一只大象体型的埃德蒙顿龙却可以在三个月内跋涉约1600千米。这足够让它们从阿拉斯加走到任何一个拥有阳光的地方了。但是，它们为什么还要回来呢？

埃德蒙顿龙

我怕黑！！

如果你的体重有1吨，坐在蛋上孵蛋并不是一个聪明的选择

有些恐龙会把蛋下在巢里，但是如果一只很重的恐龙坐在自己的蛋上，那它就很有可能把蛋压坏。

所以，大型恐龙妈妈会把蛋排成一圈，然后自己坐在圈的中间。

这样，蛋就能够获得足够的温度，还很安全。而且它们能够支撑恐龙妈妈的身体，不至于被身体的重量压碎。

恐龙巢穴化石里的恐龙蛋堆的中间也经常会留下一个空间，可以容得下一只大而健硕的恐龙妈妈坐在里面。在中国发现的贝贝龙大概能长到8米长，并能修建直径约2.5米的巢穴，巢穴里大概可以放得下二十四枚摆成环形的恐龙蛋。贝贝龙和现代的食火鸡很像，食火鸡是有着骨质头冠的大型鸟类。

恐龙巢穴化石揭示了它们哺育后代的方式

在中国发现的一处鹦鹉嘴龙巢穴化石中，躺着一只已经石化了的鹦鹉嘴龙和它身下的三十四只恐龙宝宝。

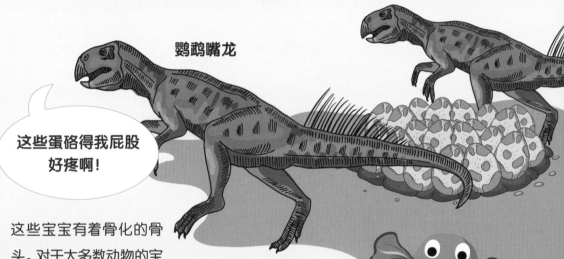

鹦鹉嘴龙

这些蛋硌得我屁股好疼啊！

这些宝宝有着骨化的骨头。对于大多数动物的宝宝来说，它们的骨头比较软，大部分还是软骨，但是会随着年龄的增长而骨质增多，逐渐变硬。这些已经硬化了的骨头表明，成年的鹦鹉嘴龙会陪着它们的宝宝成长到青少年时期。

三十四个宝宝对恐龙夫妇来说实在是太多了，所以鹦鹉嘴龙很有可能有一个公共的育儿系统。就像现代的鸵鸟那样，生活在一起的整个族群会共同照料所有的宝宝。

这些恐龙宝宝的牙齿都有些磨损，这说明它们在很小的时候就开始独立进食了。

在小行星袭击地球之前，有些恐龙可能就已经濒危了

众所周知，很可能是约6600万年前的那次大灭绝事件杀死了几乎所有的非鸟恐龙。不过在那之前，其中的一些恐龙就已经濒危了。

在恐龙大灭绝前的千百万年里，北美洲的角龙和鸭嘴龙种类急剧减少，只剩下了一种大型兽脚类恐龙——霸王龙。然而，在世界上的其他地区，恐龙种类还有非常多。

其他恐龙都去哪了?

别看我，我啥也不知道。

也许北美洲的地理环境变化让那里的恐龙经历了十分艰难的时期。海平面下降，海滨的肥沃栖息地都变成了小岛，气温还在逐渐降低。在沙滩上度过的温暖旅程对于恐龙们来说已经一去不复返了……

恐龙可能经常放屁

现代的那些吃草或多叶植物的动物经常会放屁，这是因为这些东西不仅非常难消化，还会在胃里产生大量的气体。

这是因为我吃太多蔬菜了！

它们的肚子里藏着有利于食物发酵的细菌，而食物在发酵的过程会产生一种叫作甲烷的气体。

恐龙们的食物种类很相似，所以这些食物的发酵过程也非常类似，大部分过程都是在它们的肠道里完成的。

尊重一下我，谢谢。

这些气体必须被排放出来——所以，和奶牛一样，恐龙很可能会通过放屁，也有可能会通过打嗝来放气。

恐龙宝宝在蛋里会动来动去，还会踢腿

古生物学家们在中国找到了几百个极小的恐龙骨骼化石。

这些骨头来自于还没有破壳的恐龙宝宝，它们很可能是被洪水杀死在了蛋里。

后来，蛋的其他部分腐烂了，只剩下这些骨头。这些骨头展示了恐龙胚胎发育的不同阶段，我们也终于能够弄清楚恐龙宝宝是如何在蛋里发育的。

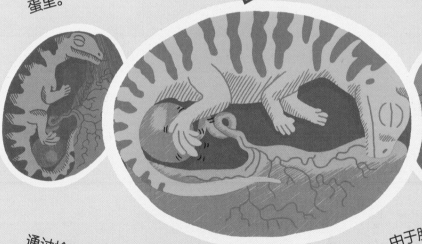

通过检测一根比火柴棍大不了多少的腿骨，科学家们发现恐龙胚胎的发育非常快，比现代的动物胚胎都要快上许多。

由于肌肉运动而增厚的骨头则告诉我们，恐龙宝宝在蛋里时，它们的腿会乱动，甚至还会踢腿呢！

阿根廷的奥卡马韦达火山有巨大的恐龙巢穴

成千上万的蜥脚类恐龙妈妈都在这个地方生蛋。

此处是一个冲积平原，一旦发生洪水，这些巢穴和蛋都会被埋到泥土底下。

科学家们根据这些恐龙细小的牙齿认出了它们是巨龙类。

有数千颗恐龙蛋出现在了阿根廷的奥卡马韦达火山。

这类恐龙成年后身长可达14米。

还没破壳的恐龙宝宝长有卵齿——这是一种长在鼻子前的细小凸起，用来戳破蛋壳。现代的鸟类宝宝也有这个结构。

体型巨大的恐龙妈妈却有着比人类婴儿还要小的恐龙宝宝，只有约38厘米长。

有些巢里装着三十到四十颗恐龙蛋——那也意味着有太多恐龙宝宝需要被照顾了！

每个恐龙巢穴之间的间隔大概是2—3米。

一些巢穴里还有植物的化石，这说明腐烂植物产生的热量可以用来给蛋保温。

在一些保存得非常好的恐龙蛋中甚至发现了完整的恐龙宝宝的皮肤。

一些蜥脚类恐龙很可能捕食蜥蜴

我们总是把蜥脚类恐龙看作是严格的植食动物，只吃叶子或者小树枝，而不会捕食动物。

我真的在这里看到了零食！

板龙

嗝！

事实上，一些早期的蜥脚类恐龙，如板龙和巨椎龙，很可能有机会捕食一些小型的动物。

它们不仅有用来咀嚼植物的叶片状牙齿，还有用来吃肉的圆锥形牙齿。

它们甚至还有掌心向内弯曲的手，可以帮助它们捕捉小型的动物。

类似的，一些兽脚类恐龙可能有时也会吃些植物。既吃植物也捕食动物的动物被称为杂食者。

恐龙宝宝们也会爬

巨椎龙宝宝留下的足迹表明它们是
用四肢行走的。

巨椎龙

由于成年后的巨椎龙只依靠两条腿走路，这些足迹说明了巨椎龙宝宝和人类婴儿一样，在能够适应用两条腿保持平衡之前，得依靠四肢来行走。

尽管成年后的巨椎龙身长可以达到6米，它们的宝宝却非常娇小。它们从壳里钻出来时只有6—7厘米长。

巨椎龙生活在约2亿年前的非洲，这些化石是迄今为止发现的最古老的恐龙胚胎之一。

恐龙粪便是优质的肥料

尽管对于植物来说，遇到吃植物的恐龙并不是一个好消息，但从某种程度上说，这是植物繁衍生息的重要步骤。

由于许多植物种子的最外层包裹着厚厚的种皮，而恐龙的肠道里没有能使它们溶解或破碎的物质，所以在进入恐龙肚子里之后，这些种子并不会被消化掉。

恐龙们就会带着这些种子四处走动，然后通过排便的方式把它们转移到另一个地方。食物被消化后形成的粪便在这时就成为了优质的养分，给种子们安了一个新家。

好爸爸恐龙

手盗龙类大都是一些体型较小、速度较快、在漫长的岁月后演化成了鸟类的恐龙。人们发现，它们之中的三个种类，是由爸爸坐在巢穴里孵蛋的。

在鸟类中，爸爸孵蛋的现象十分普遍，现在看来，这个现象在很多很多年前就已经出现了。

最好能给我颁发个"好爸爸奖"之类的。

如果是恐龙妈妈孵蛋，它们就没时间出去觅食了，这将导致之后生下的蛋又少又小。

如果它们能多吃一些，就能长得更大更强壮，生下来的蛋自然也会更多更大。如果由恐龙爸爸来孵蛋，恐龙妈妈们就能够把精力放在吃东西上了。

窃蛋龙类是最早的筑巢者之一

早期的恐龙会把自己的蛋埋在地下，但窃蛋龙在地面上搭出了开放式的巢穴。

窃蛋龙

你还能看到它们吗？

与其他恐龙蛋最大的区别就是窃蛋龙的蛋是直接放在地面上的。如果一个白色的蛋出现在一个土巢中，那将非常显眼，而且很容易被路过的捕食者偷走。

所以为了保护蛋的安全，窃蛋龙演化出了有迷惑性的蛋壳，用来把蛋伪装起来不被发现。

现代的鸟类通常会生带有条纹或斑点的蛋，可以模糊蛋与周边环境的边界，从而把蛋隐藏起来，避免被那些想要吃鸟宝宝的坏蛋发现。

恐龙们很可能在夜间出来捕食

许多恐龙的眼睛里都有着一个叫作"巩膜环"的骨质结构，用来支撑它们的虹膜。

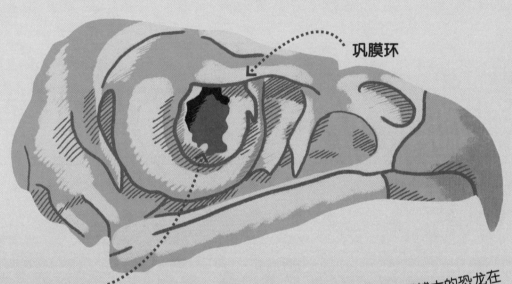

巩膜环

显而易见的是，恐龙们并不想让这块骨头挡住它们的瞳孔（光进眼睛的通道），否则它们就看不见东西了。于是，巩膜环中间的空间大小在一定程度上反映了恐龙眼睛的大小。

2011年，一些科学家们认为巩膜环越大的恐龙在夜里会更加活跃，这些夜间动物们几乎都是捕食者。而昼间动物则有着较小的巩膜环，一般来说都是植食性蜥脚类恐龙。

虽然并不是所有的恐龙学家都认同这个结论，但现代的捕食者们确实会在夜晚或黄昏时刻狩猎，所以以上说法还是具有一定可能性的。

小盗龙有可能是个 "夜猫子"

小盗龙看起来有一双大大的眼睛——至少它的巩膜环很大。

小盗龙在晚上捕食是有一定可能的，因为它非常小，只能趁其他小动物睡着的时候捕食它们，并且小盗龙也不想在白天被大恐龙们踩扁。

喂！
小心点！

小盗龙

但另一方面，小盗龙拥有显眼的彩虹色羽毛（见第133页）。很少有长着彩虹色羽毛的鸟类是夜行动物，毕竟如果你只在黑暗中活动，那么拥有漂亮的羽毛没有什么意义。所以并没有人确定小盗龙到底是什么时候外出活动的。

恐龙们还没成年就可以当父母了

许多恐龙在它们完全成年以前就开始生蛋、哺育后代了，这意味着它们是"未成年父母"。

古生物学家们通过检测未成年恐龙的腿骨发现了这个现象。雌性的鸟类在生蛋时腿骨里会形成一种特殊的松质骨，被称为"髓质骨"。由于这种骨头是用来储存制造蛋的化学物质的，所以并没有在雄性鸟类的体内找到。

等我长大了，我要成为……

恐龙们似乎也有同样的特征，而且有些雌性恐龙开始长出髓质骨的时候，还远远没有到它们完全成年的年纪。

鼻子的形状揭示了恐龙们捕食的方式

一些肉食类恐龙，例如腔骨龙和伶盗龙，有着长长的、窄窄的吻部和像剪刀一样能上下开合的下巴。

伶盗龙

这能让它们又快又狠地咬住猎物并让猎物失去反抗能力。一些窄吻恐龙，例如重爪龙，能像鳄鱼一样快速地把鱼从水里抓出来。

你不会想看到我饿的时候的样子！

重爪龙

另一些恐龙有着又大又重的下巴，能够用力地咬断猎物。霸王龙强壮的嘴巴能把骨头咬断，它们会把猎物撕开，甚至吃掉骨头。在它们的粪便里找到的骨头碎片就证明了它们真的会这么做。

梁龙有时在地面进食

如今有着宽而方的下巴的动物一般都是植食性动物，它们吃草以及其他贴近地面的植物。

犀牛就长着这样的下巴。显然，像甲龙这样粗矮强壮的恐龙很可能以贴近地面的植物为食，因为它们根本够不到树顶！

梁龙

但是梁龙也有着宽宽的嘴巴。这说明它们并不总是伸长了脖子去够树上的叶子，也有可能会吃长在地面上的植物。

梁龙牙齿上细小的坑就是它们在地面上进食的证据。这种牙齿损伤通常是在吃草的时候不小心从地上吃到砂砾磕出来的。

挑食的植食者有着窄窄的吻部

植食性动物的宽嘴巴可以让它们铲平长在一起的所有植物。

它们不太能挑出哪些地面上的植物可以吃，也分辨不出哪种植物最好吃。

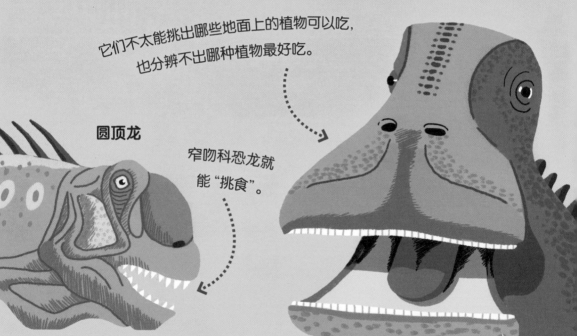

圆顶龙

窄吻科恐龙就能"挑食"。

尼日尔龙

我不挑食！

它们能有选择地挑出自己最喜欢的植物或者枝叶，适用于在叶子并不非常紧密地长在一起的地面上，更高水平地进食。

霸王龙能把手指向后弯

像霸王龙这样的大型兽脚类恐龙能够灵活地向内握紧手指，但就算把手指向后折了，它们也没什么大碍。

这说明它们可以在撕咬猎物的同时用手抓住猎物。向内弯曲手指能让爪子刺进猎物，防止猎物逃走。

但这对猎物来说并不是一件有趣的事情，它们会不断挣扎。为了能更好地抓住猎物，手指就算在挣扎的过程中被向后折了也不会对霸王龙有太大的影响。

有些恐龙死的时候,肚子里的东西还没消化完

这意味着我们能够知道它们吃过什么了。

大部分肚子里残留着食物的是兽脚类恐龙。人们曾在腔骨龙的肚子里发现了小型的主龙类。

腔骨龙

一只在英国发现的重爪龙体内有鱼的骨骼和一只疑似禽龙的小恐龙。

主龙类真好吃!

德国美颌龙的肚子里装了一只蜥蜴,而中国发现的中华龙鸟肚子里有一只小型哺乳动物。

有只小盗龙去世之前刚吃了一条鱼,这让古生物学家们重新考虑它是不是真的一生中大部分时间都待在树上。除了在树间滑翔和攀爬之外,它应该还在水边生活过。

蜥脚类动物很可能在水里上下浮动

并且只有前脚能着地。

这是古生物学家们对一些奇怪的蜥脚类足迹给出的解释, 因为只有前脚的足迹保留了下来。

蜥脚类恐龙不太可能打侧手翻或者用手走路, 但它们很有可能会游泳, 而且能用前脚来蹬地。

它们的尾巴能够浮得比较高, 所以它们的后脚不会着地, 也就不会留下任何痕迹。

屎壳郎会吃恐龙粪便

屎壳郎们会收集、吃掉并分解掉其他动物排出的粪便。如果没有了它们，世界将会被动物粪便完全覆盖。

在恐龙的时代，屎壳郎们经常能享受到大餐，因为一些恐龙的粪便能达到约60厘米长，而蜥脚类恐龙甚至会拉一大坨稀稀的粪便。

这里的工作量好大！

有些粪便化石上有洞，这说明当时可能是屎壳郎挖走了一部分粪便，或者是蠕虫等其他动物曾在里面钻过。由于食物里常有像植物的壳那样难以消化的部分，超过一半的营养物质还没来得及被消化吸收就被排泄出来了。

三角龙不会游泳

恐龙是生活在陆地上的动物，但如果一定要它们游泳的话，许多恐龙还是能做到的。

现代的大象和狼都是陆生动物，但它们也能游泳，而且还游得不错。不过，某些恐龙的形态和大小可能限制了它们的发挥。

像三角龙这样，前身巨大而且脖子短、只能低着头的恐龙，一旦掉进水里，就很难把头抬起来呼吸。

这水也就把我弄湿了一点点而已。

一群堆在一起的三角龙化石说明它们可能是被突如其来的洪水淹死的。

近鸟类的生活

鸟类在演化出适应新生活方式的身体结构之前，属于手盗龙类。

对于它们是如何开始飞翔的，目前有三种观点。它们有可能从树上跳下来，然后滑翔。

由于更加频繁地扇动翅膀，它们的胸肌也就越来越发达。

也许它们在爬上陡坡、树木或者树枝的时候，会通过扇动翅膀来获取更快的速度。

又或者它们在地上奔跑的时候会扇动翅膀，最终飞起。

最后这个观点被称为"翼辅助坡度奔跑"。还不会飞的幼鸟也经常使用这种办法。

羽毛是有助于飞行的——所以近鸟类的羽毛更丰满, 也更具羽毛的形态。

羽毛的出现并不是因为动物想要飞行——羽毛是随着飞行行为的出现而演化出来的。

生物演化并不是为了创造出鸟类! 演化是没有目的和方向的。

那些有着更长羽毛的鸟类飞得更稳, 所以鸟儿们普遍演化出了长长的羽毛。

恐龙们是一对一对生蛋的

现代的鸟类一次只生一颗蛋，蛋与蛋的形成之间有一定的时间间隔。

恐龙就不一样了，它们一次能生两颗蛋。恐龙妈妈在身体里能够一次形成两颗蛋，然后再一颗接一颗地生出来。

这也意味着恐龙窝里的蛋永远是双数的——除非有一颗被偷走或者踩烂了。

我们之所以知道这件事情，是因为发现了即将生出两颗蛋的恐龙妈妈的化石。现代的鸟类仍然拥有两个输卵管（生蛋的通道），但它们如今是轮流工作的。

好耶！恐龙蛋都是两个两个出生的！

蜥脚类恐龙的巢 是挖出来的

不难发现，巨大的蜥脚类恐龙不能像鸟儿一样在树上搭建自己的巢穴。

和其他的非鸟恐龙一样，它们也在地上筑巢。但它们很可能只是用自己的爪子，在泥土里刨出一条沟。

蜥脚类恐龙的爪子和乌龟的爪子有着相同的形状，而乌龟也会用爪子刨泥土。

除此之外，它们的爪子没有其他用处了。它们既不能和其他恐龙打架，也不能用爪子来爬树，或钻洞抓虫子、挖树根，更不能挖地洞。

人们曾发现过蜥脚类恐龙沟状和浅坑状的巢，这些可能是它们用爪子刨出来的。

三角龙和剑龙
会吃花

它们吃花以及开花植物的其他部位。在恐龙时代的
后期才出现了花，所以只有一小部分恐龙能够
享受到鲜花盛宴。

开花植物都长得比较矮，所以是植食性恐龙的
理想食物。在白垩纪末期，鸟臀类恐龙的数量
急剧增加，与此同时，开花植物（被子植物）
也在全球广泛传播。

这两者的数量似乎是同时
增加的。鸟臀类恐龙有着
适合切割的牙齿，而被子
植物比长在高高的树上的
针叶要柔软许多。因此，
开花植物对于鸟臀类恐龙
来说是一顿美餐。

剑龙

蜥脚类恐龙蛋的保温热源来自地下

一些蜥脚类恐龙会利用地球内部活动产生的热量来给自己的蛋保温。

在距离阿根廷的一个恐龙巢穴点1—3米的范围内，有着活跃的间歇泉——由地下炎热的岩浆加热的灼热地下泉水和喷泉，巢里的蛋享受着自然的地热。

约1.34亿到1.10亿年前，这个巢的样貌可能和现在美国黄石国家公园的部分地区地貌一样，地上的洞里会冒出炽热的泉水和蒸汽。

恐龙会挖地洞

至少有一部分恐龙会。在澳大利亚和美国的
蒙大拿州，古生物学家们发现了明显是由
小型植食类恐龙挖出的隧道化石。

澳大利亚的那条隧道长约2米，
直径约30厘米。

目前发现的唯一一种会挖地道的恐龙是
来自北美洲的洞穴掘奔龙。

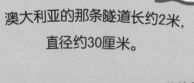

洞穴掘奔龙

科学家们认为，在洞穴里找到的一只成年恐龙和
两只小恐龙都是在洞里面死亡的，后来被沉积
物覆盖并保存了下来。为了验证这个理论，他
们用塑料管建造了一个完全一样的洞穴，并
用兔子的遗骸来代替恐龙骨骼进行实验。

孵一只恐龙要花 3—6个月

过去的科学家们推测恐龙蛋和鸟蛋差不多，孵化的时间不需要很长——只要3个星期左右。但，这可能需要更多的时间，甚至半年。

通过检测在蛋里的鸟臀类恐龙牙齿，科学家们得知了恐龙胚胎发育完全所需要的时间。

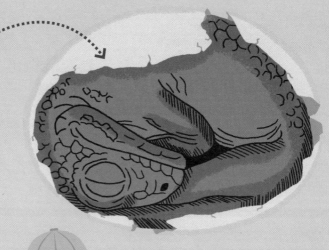

他们发现恐龙牙齿里有微小的年轮，而且每天都有新层形成。只要数一数这颗牙齿的层数就能知道它生长了多长时间。

恐龙也会患上癌症

曾有一个恐龙学家团队扫描了来自超过700个博物馆的约10000块恐龙骨头标本，发现只有鸭嘴龙有患过癌症的痕迹。

我不该吃那么多树的！

盔龙（一种鸭嘴龙）

在被扫描的97个鸭嘴龙个体中，他们发现了29个癌症导致的肿块，这是个相当大的数目。

然而并没有人知道为什么鸭嘴龙患上癌症的几率会更高。其中一个猜测是，在它们吃的松柏等植物的叶子中含有大量的致癌物质。

黄蜂依靠腐坏的恐龙蛋生活，真恶心

一窝约7000万年前的巨龙类蛋让科学家们惊奇地发现了寄生黄蜂是如何在恐龙周围生存的。

这个窝里包含了一些破碎的蛋，在这些坏掉的蛋里，人们发现了黄蜂的茧。

古生物学家们发现如果这些蛋被打开，并且被捕食者吃过，那么蜘蛛之类的节肢动物就会过来吃掉里面剩下的东西。

这种黄蜂把卵生在蜘蛛的体内，这样一来，被孵化的黄蜂幼虫就会活在恐龙蛋里面，直到它们变成蛹、结出茧。

黄蜂可能是在季节交替期间清洁巢穴的关键一环，因为这些巢要被重复使用好多年。

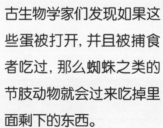

小行星撞击后，一切都变得不一样了

扬起的烟尘遮蔽了整片天空，气温变得更低了，这样的情况可能持续了很多年。

小行星掉到了海里，引发了100—300米的巨浪。

海浪袭击了整个美洲大陆，冲垮了几乎所有的森林，也冲走了几乎所有的动物。

撞击带来的热浪杀死甚至蒸熟了一部分的动物。

随之而来的地震夺走了更多动植物的生命。

一些小行星在进入大气层之后可能发生了不止一次的撞击。

酸雨杀死了许许多多的树木，还让成千上万的植食动物遭受饥饿。

撞击产生的炽热空气引发了森林大火。

这场撞击导致的气候和地貌的急剧变化让绝大部分的动物措手不及，它们很可能因此而丧命。

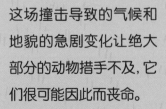

有些恐龙会像鸟儿一样，睡着的时候把自己蜷缩起来

但是，知道所有恐龙是如何睡觉的仍然是一件困难的事情。

除非我们能够找到在睡梦中死去的恐龙化石，但这很难分辨——有时候我们根本无法判断。如果一只恐龙是站着睡觉的，我们也根本不知道它死的时候到底睡没睡着。

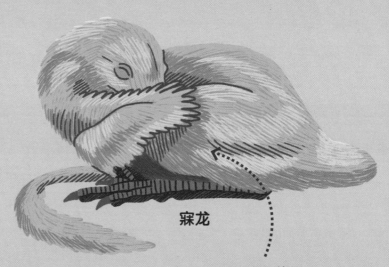

寐龙

它们之中的某些会蜷缩在地上或自己的巢里。两只寐龙——长着大大的眼睛，身材娇小，全身遍布羽毛的中国恐龙化石被发现的时候，它们的脑袋倚在叠起来的翅膀上，而尾巴环绕在身子周围。

呼噜呼噜……

鸟类则没有能够把自己圈起来的尾巴，但它们确实会把头靠在缩起来的肩膀上。

190

火山喷发对恐龙来说是件坏事

即使没有天外飞来的陨石，大量持续爆发的火山也会使环境变得难以生存。

千百年来不断爆发的火山改变着地球的气候，甚至在遭受小行星撞击的另一面创造了印度的德干地盾。

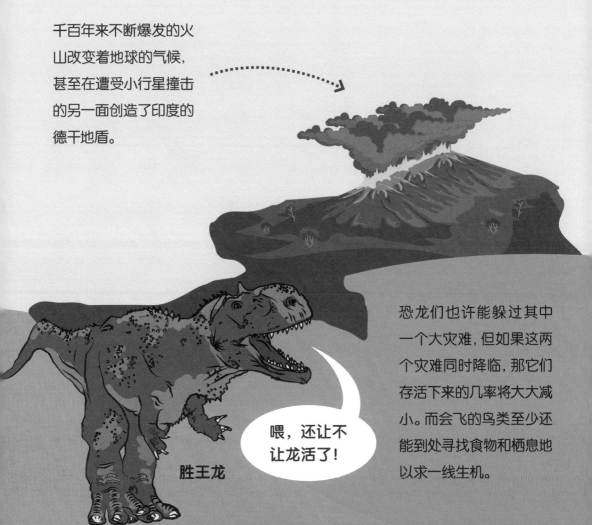

胜王龙

喂，还让不让龙活了！

恐龙们也许能躲过其中一个大灾难，但如果这两个灾难同时降临，那它们存活下来的几率将大大减小。而会飞的鸟类至少还能到处寻找食物和栖息地以求一线生机。

有些恐龙喜欢聚在一起

许多现代动物们都喜欢成群结队地生活，例如羊和美洲野牛。而老虎和龟这类动物则更喜欢独自生活。

恐龙也是一样的。我们从足迹化石中发现，某些恐龙会集体行动。常常有蜥脚类恐龙的足迹显示，它们会在同一时间共同去往一个方向。

我想走在中间。

走开啦！

身在一个大群体中是躲避捕食者的好办法，现代的羚羊会采用这种方法来避免被抓。对于每一个个体来说，这个办法降低了被吃掉的可能。

盗龙们也可能成群地活动

不只有被捕食的恐龙们会集体活动来保证安全，捕食它们的恐龙也会成群结队地狩猎。

许多化石证据表明，小型的盗龙类，例如恐爪龙和犹他盗龙，都会在不同情况下进行团体合作，共同进行攻击或者捕食猎物。

我们今天要去哪里捕猎呢?

恐爪龙

团结合作能让它们捕获到更大的猎物。不过，我们并不知道像霸王龙那样的大型恐龙会不会集体捕猎，如果它们会，那将是多吓人的景象啊!

"选美比赛"是集体生活的一部分

生活在群体中的动物常常为了地位、最好的伴侣、最好的巢穴，甚至为了得到异性的注意而斗争。

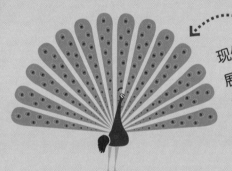

现代的动物们总是很乐意展现出自己的特质，比如孔雀漂亮的尾巴和麋鹿头上巨大的角。

群居的恐龙很可能也会做同样的事情。头冠、颈盾、羽毛或鳞片上绚丽的花纹都可能是恐龙首领的标志，它在吓退敌人的同时为自己博得伴侣的青睐。

戟龙

我的颈盾比你的多多了！

希望如此！

一些近鸟类动物的生活方式很像企鹅

一种没有牙齿的早期鸟类——黄昏鸟，生活在水畔的同时也能在水里来去自如。

它们一生都在潜水捕鱼，翅膀对它们来说并没有实际用处。

黄昏鸟

它们长得有点像有着喙和腿、身上覆盖着羽毛的鱼雷。

生物在演化过程中，身体上没有用的部分通常会退化，因此它们的翅膀基本上退化了。

高高的树木喂饱了高高的恐龙

动物和植物常常是共同演化的，或是共生的，也可以说是为了在捕食竞争中活下来。

恐龙时期的许多树木都长着长长的树干，并且只在很高的地方长出枝条。这意味着大部分动物都吃不到它的叶子，而这并不利于树木本身的繁衍。

嚼啊嚼……

但是蜥脚类恐龙长得特别高，还有长长的脖子——所以它们能吃到树上的叶子。然而它们大多只能吃到树上长得较矮的树枝。

树木和恐龙需要找到一个平衡，既不会让树被恐龙啃秃，也能让高个子的恐龙吃饱。

腕龙

大型恐龙会吃 "垃圾食品"

大型的植食性恐龙需要很多很多的食物。

恐龙们能够获得的主要食物就是叶子、树枝和树皮，但这些都不是很好的食物。这些食物里的营养少得可怜，而且并不容易消化。

因为营养不足所以恐龙需要吃掉很多食物，因此它们必须无时无刻不在吃东西。

早饭后你想去做什么？

相比以上食物，富含营养的果实、种子或植物的根更容易消化，但更加稀少。

嗯……第二顿早饭。

大部分树上几乎都是叶子和树枝，很少有果实和种子。而把树根挖出来会杀死整棵树。所以只有小型的恐龙才会依靠那些稀有的食物活着。

恐龙的便便里藏着它们的食谱

很多时候，科学家们能够根据恐龙的粪便化石来推测它们吃过什么，但是很难确定那块粪便化石的主人是谁。

有些食物听起来并不好吃。在美国蒙大拿州发现的慈母龙粪便化石显示，粪便的主人曾吃过已经腐烂了的木头。

不仅如此，他们还在化石上发现了真菌以及木虱之类的节肢动物。而这已经算是好吃的了。

有些慈母龙粪便的体积达到了7升——算得上很大一坨排泄物了。

至少它已经古老到没气味了！

蛋的摆放方式显示了恐龙们孵蛋的方式

有些恐龙会把蛋下在巢穴里，或一片乱七八糟的地方。

这意味着底部的蛋根本不会接触到坐在巢上的恐龙，也就是说这些恐龙根本不会坐在巢上孵蛋！这些蛋更有可能被植物覆盖，或者靠地热来保温。

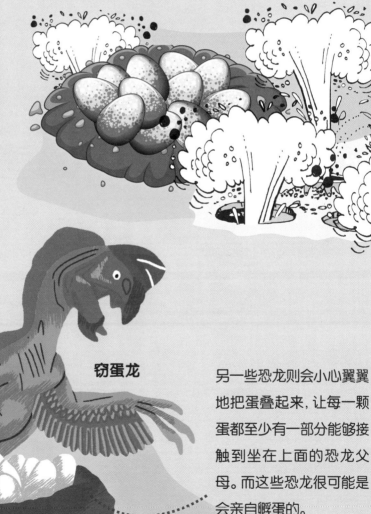

窃蛋龙

另一些恐龙则会小心翼翼地把蛋叠起来，让每一颗蛋都至少有一部分能够接触到坐在上面的恐龙父母。而这些恐龙很可能是会亲自孵蛋的。

在蒙大拿州散步的恐龙群

我们根据蜥脚类恐龙的足迹得知它们是群居动物，但它们的团体并没有很大。

慈母龙

从每只恐龙所需要的大量食物来看，这是很合理的。一大群恐龙一起生活的话势必会为了食物而争斗。

小型的恐龙只需要很少的食物，而更需要被保护，所以常常是一大群恐龙一起行动。在蒙大拿州的某个地方，人们发现了大约10000件以植物为食的一种鸭嘴龙——慈母龙的化石聚集在一处。

许多恐龙都有着庞大的家族

一些动物，包括人类，只会有少量的幼崽，并且会投入大量的时间来照顾它们直到成年。

另一些动物，例如昆虫、两栖动物和大部分的鱼类，都会生下大量的后代，但是把它们独自丢到大自然里去生活。

大部分的幼崽都死了。试想，如果每一只蝌蚪都长成了青蛙，那全世界大概能堆起到膝盖处那么高的青蛙堆。

现代的爬行动物则介于这两种极端之间，恐龙很可能也是这样。

保存了许多恐龙蛋和恐龙幼崽的巢穴化石表明，有许多小恐龙活不到成年。

啊哦!

化石保存了恐龙活着时的动作

美国蒙大拿州发现的化石揭示了一场致命的战斗:一只兽脚类恐龙的约26颗牙齿都嵌入了一只植食性恐龙的身体里,而这只兽脚类恐龙的头骨却已经被砸烂了。

在犹他州的树干化石周围发现的恐龙足迹,说明了曾有一群恐龙来这里吃过树叶。

澳大利亚的足迹化石显示了一场恐龙逃窜,一大群小型恐龙不约而同地躲避着什么东西。

美国德克萨斯州发现的足迹化石显示,约1亿年前,不止一只兽脚类恐龙在此处捕猎一群蜥脚类恐龙。

在一块蒙古的化石中，一只伶盗龙的爪子卡在了绵羊大小的原角龙的脖子里，并且它的手臂已经断了。

我也不是好惹的！

一颗嵌在翼龙骨头上的棘龙牙齿说明翼龙曾被棘龙咬过。

在腱龙化石上发现的大量恐爪龙牙齿说明它们曾是恐爪龙最喜欢的"零食"。

腱龙

在美国亚利桑那州发现的一系列足迹显示，有一只兽脚类恐龙带着它的宝宝一起走过了这个地方。

在英国牛津发现的一系列足迹说明，恐龙在走和跑的时候，步幅是不一样的。

恐龙粪便化石的形状与大小反映了它们肠道和肛门的形态及大小。

伶盗龙和火鸡差不多大

尽管作为粗暴而凶残的生物在电影《侏罗纪公园》里臭名昭著，伶盗龙的身长也仅仅只有约60厘米而已。而且它浑身长满了羽毛，听起来也没那么吓人。

被伶盗龙攻击并不好玩，但也只是像和一只长了牙的愤怒小鸡或小狗打了一架，并不会像和鳄鱼或老虎那样有一场生死决战。

喂！我不是火鸡！

电影《侏罗纪公园》里出现的伶盗龙形象，其实是基于另一种体型更大的恐龙——恐爪龙——来创造的。而恐爪龙的体重大概是伶盗龙的七倍，并且生活在伶盗龙时代的300万年前。

埃德蒙顿甲龙是个 "大刺头"

来自北美洲的植食性恐龙，埃德蒙顿甲龙，浑身都是皮内成骨和尖刺。

谁说我是"干酪刨丝器"？

埃德蒙顿甲龙

长长的尖刺 "刺" 向各个方向，最长的那一根是从它的肩膀处伸出来的。这些尖刺很长很锋利，甚至很可能刺穿前来袭击的兽脚类恐龙。

埃德蒙顿甲龙和甲龙长得有点像，但它们生活的年代差了约500万年。它们没有尾锤，因为有了这些长长的尖刺，它们也不需要一个尾锤了。

霸王龙——名称里带"王"的恐龙

霸王龙的名字可以理解为"暴君蜥蜴"。

霸王龙有着绝佳的嗅觉，所以躲起来并不代表着你能逃脱。

目前最大的霸王龙外号叫"苏"，它身长约12.8米，身高约3.66米。

它被发现于1990年，是世界上最完整、保存得最好的霸王龙化石。

一只成年的霸王龙可以重达8000千克。

最大的霸王龙头骨长达1.2米。

最大的霸王龙牙齿有30厘米长。

霸王龙牙齿中的细线圈表明，它的牙齿每天都在长大，就像树的年轮一样。

每颗霸王龙的眼珠子都有一个西柚那么大。

人们最初画霸王龙的时候，它的形象是直立的，而且尾巴垂在地上。

事实上，它的身子和尾巴都是水平的，用来维持头部的平衡。

每个后爪长约18厘米。

刚孵化的小霸王龙比鸽子大不了多少。

霸王龙的时速大约有29公里

古生物学家们通过扫描恐龙的骨头重建了它们某些部分的数字模型。

从腿到坐骨，数字模型能够展现每一块肌肉附着的部位。再通过和现代生物比较，科学家们就能够搞清楚恐龙们的肌肉有多大，而且是如何运动的。

没有被固定在这里的话，我跑得可快了！

霸王龙并不是速度很快的恐龙，但这样的速度也足以让它们追到猎物。

如果当时有大象的话，霸王龙甚至可以抓到它们——大象的速度最快是每小时24公里。

食肉牛龙是唯——一种 长犄角的肉食恐龙

食肉牛龙的名字意思是"会吃肉的公牛"，这听起来就非常诡异了。如果它还长了犄角，那就更吓人了。

食肉牛龙的犄角化石被发现的时候像一个骨质的树桩，只有约15厘米高。

如果是完整的犄角，它应该像一个正常的尖角那样，而且更高。

它不仅有犄角，背上和身体两侧也长有球状的小肿块，被称为皮内成骨。

食肉牛龙生活在约7200万到7000万年前的阿根廷，体型和一辆长度7.5米的大卡车差不多。

如果楯甲龙一直低着头的话，脖子上的刺不会影响生活

楯甲龙是生活在北美洲的一种结节龙类。

（甲龙类的近亲）

它的脖子后面有巨大的尖刺，朝向上方和后方，而且在脖子两侧有一排更小的尖刺。

楯甲龙

由于楯甲龙吃的是低矮植物，所以它大部分时间都是低着头走路的。

任何想要攻击它的捕食者来到它面前，首先会看到这些吓人的尖刺，很有可能它们会选择掉头离开去找更容易下手的目标。

在美洲大陆上，霸王龙并不是唯一的威胁

尽管霸王龙体型巨大还很吓人，但南方巨兽龙比它还要大。南方巨兽龙是目前世界上已知的最大兽脚类恐龙之一，能比它还大的兽脚类恐龙只有棘龙。（见第296页）

南方巨兽龙有着巨大的、匕首状的牙齿，不仅体型大，还跑得快，凶猛无比。

令人震惊的是，一群南方巨兽龙甚至可以打败一只超大型的阿根廷龙。

阿根廷龙

南方巨兽龙

南方巨兽龙生活在距今约1亿年到9700万年前的南美洲，它和非洲鲨齿龙的亲缘关系比和北美洲的霸王龙更近。

211

无畏龙很可能是
最大的恐龙

目前最大的无畏龙化石来自一只未成年的无畏龙，所以没有人知道它最大能长到多大。

即使还没有成年，它的脖子已经长达约11米，和一根电线杆差不多长。而它脖子里的每一块骨头都能够长达约1米。

无畏龙

它的尾巴达到了约9米长，强壮而且灵活。

无畏龙生活在约7500万年前的阿根廷。

似松鼠龙就是长得像松鼠的恐龙

长长的尾巴上长着茂密蓬松的毛发，短一点的毛发则覆盖全身，似松鼠龙看上去更像是一只野生的松鼠，而不是普通的恐龙。

这种身长约90厘米的小型兽脚类恐龙生活在约1.5亿年前的德国。

似松鼠龙

长满羽毛的爬行松鼠？

这意味着在恐龙家族的演化过程中，羽毛和皮毛存在了很长一段时间。也许长有羽毛或者皮毛的恐龙会比科学家们预估的多得多。

南方巨兽龙体型比霸王龙大

只大了一点！霸王龙的体重大约8000千克，而南方巨兽龙的体重大约9000千克。

朋友之间体重相差1000千克是什么概念？南方巨兽龙是南美洲最大的肉食性恐龙之一。（并不是世界上最大的恐龙）

我现在可凶猛了！

它几乎各方面都完胜霸王龙，它出现的年代比霸王龙早了约3000万年，而且它还比它的这个著名亲戚跑得快。

但它的脑子很小，相对于体型，它的脑子只有霸王龙的一半大，所以它可能不太聪明。但是有着这么大的体型和凶猛的性格，它并不需要有多聪明。

恐爪龙可能就是恐龙世界里的鸵鸟祖先

鸵鸟

鸵鸟不会飞，但它可能是由会飞的鸟儿演化而来的。恐爪龙是驰龙科下的一个属，而伶盗龙是另一个属。

这些恐龙也许并不会飞——鸵鸟也不会，所以这也没什么。

恐爪龙的前肢和后肢上都长满了羽毛，还有着只在早期翼龙身上出现的那种不同寻常的尾巴。这样的尾巴能够在身体后保持挺直的状态，而且能够左右摆动，但是不能上下摆动。

这样的尾巴非常适合调整方向，所以一些古生物学家们认为恐爪龙是由另一些会飞的动物演化而来的，但我们目前并不知道那是什么动物。

恐爪龙

鼠龙的个头比老鼠大

恐龙化石猎人何塞·费尔南多·波拿巴在阿根廷找到了一只小型的兽脚类恐龙化石，并把它命名为鼠龙①。

但他找到的那块化石只是一只鼠龙宝宝，当它完全长大后，体型会比老鼠大许多，而且长得和老鼠也不再那么相似了。

尽管鼠龙宝宝只有约20厘米长，成年后也有可能长达3米。不过，这对于恐龙来说还是小了点，但对于老鼠来说实在是太大了。

你说鼠龙会不会也喜欢吃芝士呢？

鼠龙是生活在约2.28亿到2.08亿年前的蜥脚类恐龙。

这意味着它有着蜥脚类恐龙的特征，但却不是常见的蜥脚类恐龙。

鼠龙

---

① 编者注：鼠龙的拉丁学名是Mussaurus，在拉丁文中"mus"意味着老鼠。

强颌龙长得奇怪
也够独特

而且有越来越多奇怪的恐龙化石出现了。

强颌龙

越来越多的新恐龙化石从石头里被发掘出来，然而有许多化石在博物馆里放了数十年都没有人去研究。

但并不漂亮不是吗？

一块二十世纪六十年代发现的化石，在经历了五十多年的保存后，终于被一个人在2012年找出来研究了。这只恐龙现在叫强颌龙。它体型和猫一样大，身上长着鬃毛，有着鹦鹉一样的喙，而且是用两条腿奔跑的。

目前已知的恐龙化石中，超过五分之四都是在1990年以后被命名的，而且化石猎人们还在寻找更多的恐龙化石。

超龙并不像它的名字一样优秀

你可能会认为，叫作超龙的恐龙要么是最大的，要么是跑得最快的，又或者是最酷的，总之应该有一样非常厉害的特质。

但事实并不是这样。超龙只是普普通通的蜥脚类恐龙。

它和其他伙伴一起生活在侏罗纪时期的北美洲，体重能达到40吨。尽管已经非常大了，但仍然不是最大的蜥脚类恐龙。

我很厉害的！

它也很长，身长可以达到33.5米，但并不是最长的恐龙——阿根廷龙身长可达39米。把它叫作超龙其实是一件非常不靠谱的事情，因为你并不知道今后还会有什么样的恐龙出现。

住在史前犹他州的 "猪小姐"

大约在7600万年前，如今美国犹他州的一部分地区生活着其他地方都没有恐龙和另一些动物。

它们也许被大河或者山脉阻断了迁徙的脚步。其中一种动物是长着两个大大鼻孔的"龟"，这种龟被发现以后，研究它的科学家们亲切地称之为"猪小姐"。

这时候科米蛙①演化出来没有啊？

"猪小姐"大约有60厘米长，生活在水里。而它的正式名称——"戈氏肥猪龟"也和它的外号有关，意思是戈登的肥猪般的龟。（杰里·戈登发现的这只龟）

① 译者注：迪士尼旗下的布偶角色。

哈兹卡盗龙长得很奇怪, 甚至让恐龙学家们觉得它们是假的

在蒙古国发现的这块古怪化石, 看起来像是鸭子、企鹅和伶盗龙的集合体。

无怪乎有些科学家们认为它是由其他恐龙碎片拼起来的了。

我一点也不假好吧!

哈兹卡盗龙

科学家们发现它的时候, 这块化石还有一部分卡在石头里, 所以想要伪造它可得下好大一番功夫。人们对它进行扫描后证实了这就是一只完整的恐龙, 所以它是真实的。

哈兹卡盗龙有着鸭子一样的喙, 但在喙里有着针一样尖尖的牙齿。它有天鹅般长长的脖子, 和小盗龙一样长着爪子的脚, 以及前肢长有和企鹅一样的蹼。这些让它看起来更加的"四不像"。

羽王龙是个毛茸茸的大怪兽

羽王龙和霸王龙一样，都是非常凶猛的肉食暴龙类。

它们生活在约1.25亿年前的中国，成年后体长可以达到9米。

羽王龙

你不觉得我很可爱吗?

它名字的意思是"长羽毛的暴君"，也是广为人知的长有羽毛的恐龙。它的羽毛是一根一根的细丝，大约有15—20厘米长。这让它的翅膀看起来更像是覆盖了毛茸茸的皮毛，而不是羽毛，这看起来更加让人不安了。

你也许会觉得它看起来毛茸茸的很可爱，但它能"啊呜"一口咬掉其他动物的脑袋。

由于当时的平均气温只有约10℃，这些羽毛可以帮助它保暖。

大概没有人不喜欢梁龙

梁龙摸起来可能有点硌手，这是因为它长着粗糙的六边形鳞片，直径大约3厘米。

顺着它的尾巴到背上，长有一排圆锥形的尖刺，最大的可能有约18厘米长。

梁龙每35天会换一颗牙。

在每一颗正在工作的牙齿底下，都有超过五颗可以替换的牙齿准备长出来。

梁龙在1877年被发现，在1878年被命名。

美国的企业家安德鲁·卡耐基有着世界上最著名的八件梁龙化石，并把它们分别送给了欧洲、俄罗斯和阿根廷的博物馆。

梁龙重达约12000千克。

它身长约24米。

一只英国的梁龙，我们可以叫它迪派，在2018—2020年期间，环游了不列颠群岛。

梁龙前脚的其中一根脚趾上有着大大的爪子，但其他的脚趾上并没有。目前还没有人知道这个大大的爪子是用来干什么的。

"镰刀"爪子可能并不是用来砍和砸的

恐爪龙的后肢上有一个向上弯曲的大爪子，在走路的时候会向上翘起，并不会接触到地面。

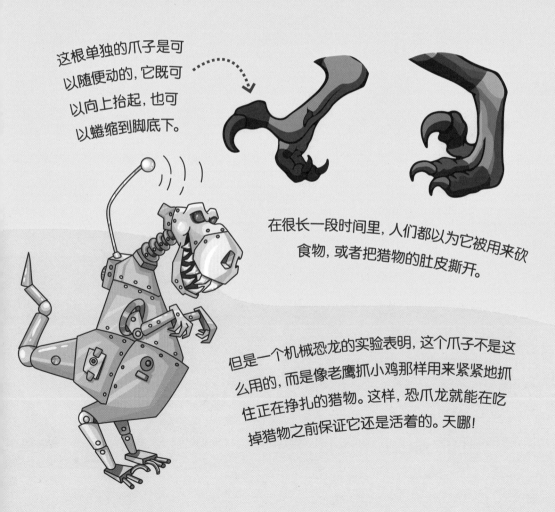

这根单独的爪子是可以随便动的，它既可以向上抬起，也可以蜷缩到脚底下。

在很长一段时间里，人们都以为它被用来砍食物，或者把猎物的肚皮撕开。

但是一个机械恐龙的实验表明，这个爪子不是这么用的，而是像老鹰抓小鸡那样用来紧紧地抓住正在挣扎的猎物。这样，恐爪龙就能在吃掉猎物之前保证它还是活着的。天哪！

鹰角龙是个"刺头"

小小的鹰角龙只有乌鸦那么大的身体，这让它对于很多大型捕食者来说只是"一手一个"的小零食。

但满头的尖刺救了它的命。和现代的棘蜥有点像，它可一点都不好吃。

作为生活在约2000万年前的最古老的北美洲角龙之一，鹰角龙有着非常重要的地位。（角龙都是长着喙状嘴和犄角的植食性恐龙，其中还包括了三角龙）

鹰角龙

你不会想要一口吃掉我的！

比起美洲的角龙类，鹰角龙和中国的角龙类有着更近的亲缘关系。这也说明了约1亿年前，从中国到北美洲可能有陆上通道。

约1亿年前的地球

有些恐龙需要在黑暗里生活一段时间

雷利诺龙的化石是在澳大利亚找到的，在它可以肆意奔走的时期，澳大利亚比现在更靠近南极，而且和南极洲接壤。

尽管南极洲并不像现在那样寒冷，可一旦到了冬天，还是要经历一段很长时间的黑暗。对于只有1—2米长的雷利诺龙来说，它大大的眼睛很可能是为了适应只有微弱光线的生活。

这也就意味着雷利诺龙需要在南极附近的冬季里，忍受至少几个星期无聊的黑夜。

雷利诺龙

你的眼睛真大呀！

为了更好地看清你！

不像大型的恐龙可以迁移到有阳光的地方，雷利诺龙小到不适合进行迁徙。

阿马加龙长着带刺的脖子

来自阿根廷的小型蜥脚类恐龙——阿马加龙，脖子上长有两排各九根的尖刺。

最大的那根尖刺长在脖子的中部，约60厘米长。这对于一只只有约9米长的恐龙来说，已经非常长了。

而且这些刺状部位之间很可能有皮肤连接，像船帆一样。

阿马加龙

没有人知道阿马加龙的刺是用来做什么的。

也许这能够降低某只残暴的兽脚类恐龙咬它们后颈的几率，又或者只是用来恐吓敌人或者吸引伴侣的。当然，一排刺不够的话，它们有两排。

羽毛可能是用来炫耀的

耀龙是非常小的恐龙，它只比一个苹果重那么一点点，但它的尾巴上却有十分漂亮的羽毛。

约1.68亿到1.52亿年前, 它们曾自由自在地生活在中国的土地上, 高高兴兴地跑来跑去, 吃些昆虫、蜥蜴或者其他的小型生物。

一切都显得很平常。唯一特别的是, 它的尾巴上长着四根漂亮的羽毛, 骄傲地竖着。

啊，我知道，我是真的很漂亮！

耀龙

这些羽毛并不是用来飞翔的, 很可能是用来吸引其他耀龙的——比如找"女朋友"。

科学家们认为, 它的尾巴应该和孔雀尾巴的作用差不多, 都可以通过展示, 向大家传递"快来看我！"的信号。

甲龙最先把自己的头变硬

甲龙类并不是一出生就浑身都长着骨板的，它的骨化会从头开始，在长大的过程中逐渐遍及全身。

而且，只有等到完全长大后，它们才会拥有一个骨质的尾锤。

我真坚硬啊！

甲龙类

这也支持了一个观点：它们可能会在争吵的时候用到尾锤，或用尾锤来捶跑饥饿的捕食者。

我正在变得坚硬！

这样的争吵经常伴随着伴侣、领土和地位的争夺，并且只会在成年后的动物身上发生。

229

加利恩龙的名字来源于一种船

恐龙化石猎人在澳大利亚发现它的颌骨时，他们认为这块骨头和一种古老的帆船——加利恩船的倒转船体很像，于是把它命名为加利恩龙。

加利恩龙生活在距今约1.25亿年前，并且只有一只小袋鼠那么大，这样的体型对于恐龙来说有点小。它们可能会跑来跑去地找植物吃。

加利恩龙颌骨

船体

倒转的加利恩船

由于一次性找到了五只恐龙，它们很有可能是群居动物。

加利恩龙曾经生活的地方现在是澳大利亚和南极洲大陆之间的裂谷。

加利恩龙

和许多在南美洲发现的恐龙一样，它们的出现证实了恐龙们曾涉足南极洲。

哈兹卡盗龙是个游泳健将

并不是所有的恐龙都喜欢游泳。它们大部分只会在必要的情况下涉水，并不会游泳。而来自蒙古国的哈兹卡盗龙，有着非常适合游泳的身材。

哈兹卡盗龙

在海波上生活哦！

这种小型的猛兽看起来像是出了问题的天鹅，但是这样的身体形态对哈兹卡盗龙来说却是一件好事。

它的脚上并没有蹼，这说明它有一部分时间是待在陆地上的。它可以像鸭子一样走路，像企鹅一样游泳，但同时也有和其他兽脚类恐龙一样锋利的爪子。

它是目前已知的能够适应海洋生活，且能够在海里捕鱼游泳的兽脚类恐龙。

玛君龙是个"怪物"

它们身材矮小而粗壮,是生活在马达加斯加——一座非洲东岸的大型岛屿的兽脚类恐龙。

和其他隔离演化的动物一样,它们长得也有点奇怪。

玛君龙的肩膀很宽,骨骼粗大,但手臂却很细小。

和其他兽脚类恐龙不一样,它们长着宽宽的吻部,有利于牢牢咬住正在挣扎的猎物。

这样的手指甚至不能够独立活动,构成了并没有什么用的手部。

它们短小的手指恐怕根本抓不住任何东西。

它们会同类相食——这并不是个优点。在玛君龙的骨头上曾经发现过同类的牙齿——这好像是个不得了的秘密!

玛君龙并不十分健康。超过二十个玛君龙化石显示了它们身体有问题。

它们的头部有一个圆圆的角。

它们很可能没办法转动眼球,因为它们大脑里操控眼球快速运动的区域特别小。

和同类型的恐龙相比,它们有更多的牙齿——如果想吃掉同类的话也许会更加方便。

"恶鬼克星"会把敌人的腿敲断

碎胫者祖鲁龙的尾巴上有个凶悍的尾锤。

它名字的一部分来自电影中的一个怪物，而另一部分的意思是"胫骨的毁灭者"，非常精准地形容了它尾巴上那个尾锤的威力。

它在2016年被发现于美国的蒙大拿州，生活在距今约7500万年前。尽管有着吓人的尾锤，它却只吃植物。

你找谁？

碎胫者祖鲁龙

它可以用尾巴给所有想吃它的动物在腿上来一记重锤。

"短短龙" 的短短脖子

短颈潘龙凭着短短的脖子在众多蜥脚类恐龙之中显得格外特别。

和体型相比，短颈潘龙的脖子比其他的蜥脚类恐龙短了将近40%，几乎只有它们脖子的一半长。

短颈潘龙

这也意味着它们吃不到高处的叶子，大概只能吃到靠近地面的大概1—2米高的灌木。

长短才不是最重要的呢！

它们可能习惯于吃固定种类的植物。短短的脖子限制了它们能够吃到的植物种类，而这也限制了植物能够长到的高度。

对于蜥脚类恐龙来说，它们非常敦实，身长只能达到10米左右。

甲龙的尾锤上带着"手柄"

甲龙尾巴上的尾锤直径大约
有60厘米。

它的尾锤可能非常重，而且这个重量可能会
限制了它的大小。

为了能够抡动这个尾锤，甲龙尾部的最后几块
尾椎骨合并在了一起，并且尾部还有骨化（变成
骨头）了的肌腱。因此甲龙的尾巴形成了坚硬的
"长棍"，虽然不能够弯曲，但能够支撑着尾锤保
持伸直的状态。

而尾锤本身也是由融
合、紧扣在一起的皮
内成骨构成的。

先于尾锤出现的 "手柄"

甲龙僵硬的尾巴比尾锤出现得更早，有点像是先出现了一个手柄，然后才决定在手柄的顶端安个锤子。

你不知道吗，我还在演化呢！

甲龙可以左右摆动它坚硬的尾巴，尾巴里的骨头支撑着尾锤，缓冲它撞向猎物时产生的震动。

它这么做可能是因为它只有一根粗壮的骨质尾巴来缓冲，尽管这样一来它还是会痛——想象一下拿一根大棒击打其他东西时产生的回震。

当尾巴中的皮内成骨聚在一起形成了尾锤的时候，它不仅获得了武器，同时外形也变得更威猛了。

树息龙很有可能会挖鼻屎

但这不是它们用自己超长的手指真正要做的事情。

树息龙体型较小，全身覆盖羽毛，只有约12厘米长，曾经在中国出现过。

它的名字和"树上的蜥蜴"有关，而它也非常适应林间的生活。

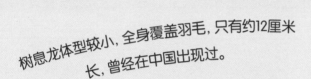

树息龙

长长的手指太酷了！

指猴

它的前臂非常长，通常还有着长长的手指，每只手上都有一根特别长的。现代的指猴——一种和狐猴特别相似的生物，也是手上各有一根超长的手指，用来把昆虫从树木里挖出来。树息龙很可能也会做同样的事。

树息龙还长有羽毛，它长长的手臂可能像翅膀一样，也可能不像，实在是很难描述它身上的手臂是个什么样子。

亚伯达爪龙

约7000万年前，来自加拿大艾伯塔省的一只与鸡差不多大小的恐龙——亚伯达爪龙，曾在森林里出现过。

这是一只凶猛的兽脚类恐龙，如果你是白蚁的话，那真的会被吓到。

亚伯达爪龙

就像蒙古的单爪龙，亚伯达爪龙也有短小的手臂和一个大爪子，适合用来撕开蚂蚁丘或白蚁丘。

只有一个问题——在加拿大境内还没有发现蚂蚁丘或白蚁丘化石。但是有一些木头化石，里面可能有白蚁挖的地道。

所以古生物学家们认为亚伯达爪龙很可能会用它的爪子掰开腐烂的木头，把白蚁吸出来。虽然这可能不算是大白蚁堆盛宴，但也是一种方便的"小零食"。

生活在南方的盗龙类有着适合捕鱼的牙齿

像犹他盗龙和恐爪龙那样凶猛至极的恐龙，很可能常常在平原上跑来跑去，顺便袭击一些偶遇的弱小动物。

它们锯齿状的牙齿非常适合切割皮肉。它们大都生活在北半球的北美洲或者蒙古国等地方。

而住在南半球的，例如南美洲的盗龙们，从小鸡那么大的鹫龙到巨大的南方盗龙，则长着不一样的牙齿。它们的牙齿更小更多，上面并没有锯齿。

不过，它们的每颗牙齿上都有细槽。这样的牙齿非常有利于捕鱼，也许当时这些凶猛的恐龙都生活在河边，并且以鱼为食。

南方盗龙

盗龙类也会爬树

—— 尽管不是所有的盗龙类都会这么做，何况它们中还有些生活在没有树的地方。

举个例子，伶盗龙生活在沙漠地区，所以很可能并不会爬树。

伶盗龙的巨爪被认为是用来按住猎物的，对它的研究表明，如果要把猎物按在某个表面，比如树皮上，它的力量足以压住这只动物不让它动弹。

冲啊！

如果其他盗龙类的爪子也是如此，那么它们很可能会爬树。

也许它们会从上面跳下来砸向猎物，这也可能是向飞行迈进了一步。又或者它们跳下来只是为了好玩。

伶盗龙

241

甲龙在当时来说无异于现在的坦克

它身体和头部的皮肤中嵌着厚厚的骨节和骨板,这使得它几乎可以不被咬伤。

它名字的意思是"融合的蜥蜴"。

它的舌头短短的,却肌肉发达。

它有着鹦鹉那样的喙,只吃低矮的植物,包括花朵。

它可以长到约6.25米高。

甲龙的体重相当于
两头现代的犀牛。

即使处于饥饿的状态, 它
的时速依然可以保持在
每小时9公里。

它的牙齿又小
又细。

一只大型甲龙将尾锤
甩起来足以砸碎一只
霸王龙的腿骨。

它的腹部没有皮内成骨,
因此捕猎者得从下面
钻过去或把它翻过
来才能咬到它。

它强有力的尾锤可能仅仅是用来
攻击想要吃它的肉食者, 并不是
用来吸引同伴的。

目前为止只找到了三
具甲龙化石, 而且它
们都不完整。

盗龙类曾尝试挖出哺乳动物

小型的哺乳动物常常会躲避恐龙。

盗龙类不仅体型庞大、粗壮，而且一有机会就会把哺乳动物当成零食吃掉。而哺乳动物们有一种躲避的方法，那就是挖一个地洞。

这还不止！美国犹他州的化石表明，大约8000万年前，恐爪龙或伤齿龙等恐龙曾用后脚的爪子挖进了小型哺乳动物的洞穴。

伤齿龙

开饭的时间到了朋友们！

抓痕和洞穴紧密地挨着，非常可怕。即使在地下，动物们也无法逃脱那些残忍的捕猎者。

两只盔龙化石沉入了海底

1916年，英国的"山庙号"轮船携带两只盔龙
化石横渡大西洋——这在第一次世界大战
期间是一项危险的任务。

"山庙号"遭到德国武装船的袭击，乘客和
船员多数被俘，船只和包括化石在内的
货物一道沉没了。

盔龙是来自加拿大艾
伯塔省的一种植食性
动物，生活在距今约
7500万年前。

它的名字意思是"戴着科林斯头盔的
蜥蜴"。它的名字源于它头上的骨质
头冠，看起来像一个头盔。

盔龙

这个"头盔"里面有些空
腔，计算机模型显示，当
空气穿过空腔时，头部可
以发出响亮的轰隆声。

赖氏龙的脑袋里看起来好像藏着一把斧头

——这种样子对任何人来说都是相当不幸的。

斧头的"柄"戳出了头的后部，而"刀刃"戳出了头的顶部。

它与盔龙有亲缘关系，但它有一个更为古怪的头冠。

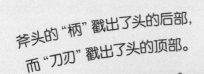

我觉得它看起来非常时髦呀！

赖氏龙

它生活在约7500万年前的加拿大，那是一个到处是恐龙的地方。

它与长着颈盾的恐龙共享地盘，比如开角龙（更奇特的像三角龙的恐龙），以及埃德蒙顿甲龙（见第205页）这样的甲龙类。而对于蛇发女怪龙这样凶猛的暴龙类来说，它们肯定很乐意有一只大赖氏龙当午餐。

戟龙有着十分华丽的颈盾和角

和三角龙一样，戟龙也属于角龙类。

像其他角龙一样，它也有颈盾和角，当它把这些东西组合起来时，它就是"明星"。它不仅有复杂的颈盾和鼻子上的大角，它的颈盾四周也都有角。

它们的组合可以有很多变化。有些戟龙在颈盾周围有六个额外的角，而许多戟龙在各处都有额外的小尖刺。

戟龙

年轻的戟龙眼睛上有金字塔状的骨质肿块，但随着它们长大，这些肿块就消失了。

它名字的意思是"尖尖的蜥蜴"，这很适合它，因为它们的每一个变种身上都有很多尖尖的部位。

我可受不了更多的颈盾了！

恐爪龙的名字意思是"长着恐怖爪子的恐龙"

恐爪龙改变了人们对恐龙的看法——它们可能是第一种能快速运动且温血的恐龙。

它们生活在距今约1.15亿到1.08亿年前的美国西部。

一只成年的恐爪龙大概有34米长，几乎和一条短吻鳄差不多长。

它后脚的长长的爪子上覆盖着一层角质鞘，这使爪变得更长，长达约12厘米。

这也让人们意识到，鸟类就是生活在现代的恐龙。

恐爪龙会拍打翅膀, 帮助自己在捕捉挣扎的猎物时保持平衡。

那根变硬的尾巴也能够帮助它们保持平衡。

它奔跑的速度可以达到每小时56公里。

它的牙齿和下巴都强壮到足以咬穿骨头。

恐爪龙父母们很可能是坐在蛋上孵蛋的。

恐爪龙可能是集体捕猎的, 但也可能会为了争夺猎物而相互争斗。

腔骨龙和人类青少年的体型差不多

腔骨龙是在美国新墨西哥州发现的早期恐龙，大约出现在2.15亿年前，是速度很快的肉食恐龙。

虽然它和一个十几岁的青少年一样高，但它的体重只有约22.5千克。它体型比一般的人类少年大，身长达到了约2.5米。中空的骨骼使它能够保持轻巧灵活。

走吧，我们去跑步，顺便找吃的！

腔骨龙

腔骨龙是最早演化出叉骨的恐龙之一，叉骨是由两根融合的锁骨组成的，现代的鸟类仍然拥有这种叉骨。它们的眼睛很大，所以有可能是夜行动物。

人们在美国新墨西哥州发现了数千只腔骨龙的化石，这表明它们可能是群居的。

剑角龙一点也不像剑龙

当大家都知道剑龙长什么样子的时候，剑角龙却显得不那么出名了。

它们只有2—2.5米长，体重约40千克。

它们属于肿头龙类，这意味着它们的头顶上有着厚厚的骨头圆顶，这是著名的肿头龙的特征之一。

约7500万年前，它们依靠两条腿在北美的森林里奔跑。

剑角龙

其中的一些恐龙头部曾受到撞击，有些则没有，这让古生物学家认为，雄性在争夺配偶或领土时，会用它们的脑袋相互撞击。

根本不用安全帽！

肿头龙

它们之中大约五分之一头部受过撞击，因为化石上有头部损伤的痕迹。

有些甲龙类特别笨，有些只是有一点点笨

甲龙类是不太聪明的恐龙之一。

科学家通过计算脑商（EQ）来衡量动物的聪明程度，通过测量大脑占全身比例的方法来计算脑商。甲龙的脑商很低。

也许我的智商很低，但我可以给你致命的一击!

脑商最低的恐龙之一，是来自澳大利亚的敏迷龙。

敏迷龙

来自蒙古的多智龙比它们好一些，但仍然不是天才。它名字的意思是"聪明的恐龙"，但给它起这个名字确实像一个刻薄的玩笑——它只是比它那些愚蠢的亲戚要聪明一点而已。

作为恐龙，伤齿龙可能是比较聪明的

虽然这并不能说明什么。它的大脑大约有牛油果的核那么大，但牛油果核也并不是很大。

不过，长度大约只有2米的伤齿龙并不是什么大恐龙。

它是用两条腿走路的肉食动物，生活在距今大约7700万年前的北美洲。肉食动物比植食动物需要更多的脑力，因为植物并不会逃跑、躲藏或反击。

伤齿龙

伤齿龙几乎和现代鸟类一样聪明。其实现代的一些鸟类并不笨，甚至学会了使用工具。不过，伤齿龙也不会试图和它们竞争。

那你很聪明哦！

大多数的古生物学家们认为伤齿龙就和现代的鸡一样聪明。

霸王龙的牙齿有香蕉那么大

而且有五十到六十个，最长的牙齿约30厘米。

这些牙齿很尖，边缘有锯齿，就像是锯齿形的牛排刀，这让它们成为了切肉的完美工具。

霸王龙不仅有巨大的锯齿状牙齿，还拥有陆地动物中最强大的咬合力。

它的咬合力大约是现代鳄鱼的十倍。但史前的巨齿鲨更可怕，它的咬合力大约是霸王龙的三倍。

对于霸王龙来说，只要两口就能吃掉一个人。幸好在那个时代还没有人类。

你该庆幸我已经变成化石了！

霸王龙是有着大屁股而且很能走路的动物

对恐龙骨骼的研究表明，像霸王龙这样的大型恐龙并不能跑得很快，但是通过"快步走"——就是以正常走路的步幅，但是步频加快，它们也许可以达到相当快的速度（跑步需要迈更大的步伐）。

霸王龙的臀部有很健壮的肌肉，但脚踝处却没有多少肌肉。通常来说，脚踝肌肉较少的动物跑不快。

霸王龙巨大的臀部加上肌肉较少的脚踝，与竞走的人类形成的肌肉分布相匹配，这说明霸王龙可能是通过小步快走来提高速度的。

谁说我屁股很大的？！

这看起来似乎不太明智，但是谁有胆子敢取笑它呢？

三角龙是长着颈盾的斗士

三角龙的角非常锋利，可以用来击退捕食者。但这并不是它们全部的作用。

一些三角龙化石颈盾周围的损伤显示出它们与其他三角龙撞击的痕迹，这表明它们曾经互相纠缠争斗。

我已经准备好战斗了！

三角龙

今天，许多有角的动物在争夺配偶或领地时会用到它们的角，似乎三角龙也会做同样的事。

选你自己的族人！

独角龙

独角龙没有那么长的角，因此没有这样的损伤。所以看起来三角龙只和自己的族群打斗。

副栉龙体内藏了个"喇叭"

副栉龙有一个引人注目的向后弯曲的骨质头冠，可以达到约1.5米长。

在头冠里面的通道中，空气可以流通，在呼气时会产生一种声音，就像双簧管那样。

副栉龙头冠的横截面似乎显示出有四个通道，但实际上只有两个在顶端环绕的管道，并延伸到每个鼻孔。

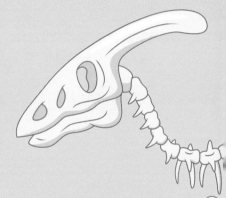

副栉龙

成群的副栉龙可能会在森林里互相呼唤，它们低频的声音可以传到很远的地方。

副栉龙生活在约7650万到7300万年前的美洲。

257

副栉龙也会在青少年时期变声

年轻的副栉龙有着发育不完全的头冠。

它们发出的声音频率更高，但传播的距离更短。

这对宝宝来说是件好事，因为它们待在母亲身边，需要引起母亲的注意。

妈妈！

啊！我的声音变奇怪了！

在它十几岁的时候，头冠似乎长大了很多。于是，它的声音就被"破坏"了，变成了较为低沉的成熟音调。

成年副栉龙的声音能传得更远。副栉龙的耳朵适应了低频声音，所以它们可以很容易地听到对方的声音。

霸王龙在青少年时期中的一段时间内快速生长

在14岁到18岁之间，霸王龙的体重会增加很多——大约每天增重2千克，在4年内就可以大约翻1倍。

它们需要从很小很小的蛋——即使是最大的恐龙蛋，也只有足球那么大——长到成年，直到拥有巨大的身体。

成年霸王龙的体重可达约5700千克，所以幼崽们还有很大的成长空间。

我没有变胖，只是长得很快！

它们的骨头上有年轮，就像树木一样。科学家们可以通过观察恐龙的骨骼来了解它们的生长模式。

在快速生长的过程中，霸王龙大量增加了骨骼厚度来支撑它越来越重的身体。

259

"地狱男爵"是根据 一个漫画人物命名的

2015年，人们发现了生活在约6800万年前 加拿大地区的皇家角龙。

古生物学家给它起了个 绰号叫"地狱男爵"，因 为它短短的角让他们想 起漫画小说里的一个人 物，他的前额也长着短 短的角。

皇家角龙

皇家角龙是比较奇特的角龙类，虽然它的角尺 寸不大，但它用数量弥补了这一点"缺陷"。它的 颈盾周围有15个角，眼睛上方有2个，鼻子上方 有1个。总共有18个角！

它的学名含义是"长着皇 室之角的脸"，指的是它 的角的排列方式看起来 像一个皇冠。

鹦鹉嘴龙的花纹是为了更好地融入森林

古生物学家可以利用现代动物的信息来了解恐龙的样子——不仅仅推断出它们的大小，甚至推断出它们的颜色。

人们在中国发现了一具保存完好的鹦鹉嘴龙化石，科学家们根据它皮肤中的色素残留来推断它的颜色。这样，他们就能用合适的棕色、黑色和黄色来构建一个鹦鹉嘴龙模型，并在不同的光照下进行试验，以确定鹦鹉嘴龙生活的位置。它身上的图案能很好地帮助它隐藏在上方洒下斑驳光线的森林中。

快，躲到森林里！

鹦鹉嘴龙

剑龙不是最聪明的恐龙

它的名字是"屋顶蜥蜴"的意思。很早的时候，人们认为它的骨板是平的，就像屋顶上的瓦片一样。

1920年，一位恐龙爱好者提出剑龙可能会用它的骨板飞行。但它并没有。

剑龙的头骨形状很搞笑，很像一根管子，甚至像香蕉。

剑龙大脑的大小接近于一个核桃。

早期的恐龙专家认为剑龙用两条腿走路，但它不是。

剑龙是最早演化出
脸颊的恐龙之一。

不同种类的剑龙有不
同数量的刺, 从四根
到十根不等。

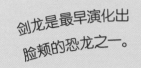

这些刺可以长达90厘米。

它尾巴末端的尖刺被非
正式地称为尾刺。这个
名字源于加里·拉尔森在
1982年画的一幅漫画。

它们还可以快速地把
尾巴往一边一甩, 放
出危险的一击。

虽然剑龙是美国最著名的恐龙之一, 但来自
亚洲的剑龙数量要多于来自北美的。

玛丽·安宁在12岁的时候找到了她的第一块鱼龙化石

玛丽·安宁是一位伟大的化石搜寻者，她活跃在十九世纪早期的英格兰，从小就开启了寻找化石之旅。

1811年，她的哥哥发现了一个鱼龙头骨，第二年玛丽发现了这只动物的其余部分。他们俩都跟父亲学过如何寻找化石，父亲死后，他们靠寻找和出售化石来养家糊口。

玛丽很早就离开了学校，但她自学了很多关于化石的知识，比专业的科学家们知道的还要多。

鱼龙头骨

汪！

她发现了第一只蛇颈龙和大量的鱼龙化石。当她和她的小狗小翠沿着多塞特海岸寻找化石时，常常需要避开坠落的岩石和危险的潮汐。

慈母龙都是好家长

慈母龙一次产30—40枚蛋，并且似乎蛋一孵化它们就开始照顾孩子了。

这是一个巨大的筑巢地，很多慈母龙父母都在这里筑巢。这里保存着比在巢穴附近死亡的慈母龙宝宝略大的小慈母龙化石，这说明它们在成长过程中一直受到照顾。

慈母龙这个名字的意思是"像妈妈一样好的恐龙"。它们会用植物覆盖巢穴，利用植物腐烂产生的热量给蛋保温。慈母龙父母都重约5吨，这样的孵蛋方式比它们坐在蛋上孵化安全多了！

这些蛋都很小，而小慈母龙在第一年就能长到90厘米以上。

北方盾龙很大，但是不容易被发现

约1.1亿年前，北方盾龙曾在加拿大的土地上慢悠悠地散步。

它属于结节龙类，给我们留下了保存得十分完好的化石，它的许多皮肤都完好无损。

从这块化石中，科学家们发现，尽管这种动物全身覆盖着骨板和尖刺，重达1吨多，长约5.5米，但它们还会通过伪装来隐藏自己——大概是为了躲避捕食者。

它们的背部是深红褐色的，腹部是浅色的。这被称为"反影伪装"，在鹿等动物中很常见。可到底是谁会去吃这么大一只长满尖刺的动物呢？

北方盾龙

剑龙的骨板让它看起来很漂亮

没有人确切知道剑龙背上那排大大的骨板是用来干什么的。

骨板并不能很好地保护剑龙免受捕食者的攻击，因为它们让剑龙身子的两侧暴露，而剑龙最主要的武器是带有尖刺的尾巴。

这些骨板也许能让剑龙保持凉爽或者温暖。它们或许可以像太阳能电池板一样朝向太阳吸热，也可以朝着风散热。如果它们的用途真的是这样，那其他类型的剑龙也应该有这种大型的骨板，但事实上大多数其他剑龙类的骨板并没有这么发达。

这还不明显吗？这能让我看起来更漂亮！

它们也可能是为了炫耀——向潜在的异性伴侣证明自己是正确的选择。

特拉塔尼亚龙和一辆卡车差不多大

2006年，人们在南美洲发现了一种大盗龙类，它生活在距今约9500万到8500万年前，十分可怕。

特拉塔尼亚龙

它身长约9米，有着巨大的钩子一样的爪子，足足有约40厘米长，简直就像每只手上都长着两把像镰刀一样的切片机。

你能猜到我长什么样吗？

特拉塔尼亚龙的复原是恐龙学家在技术领域的胜利。虽然他们只发现了一些腰臀部的髋骨和脊椎化石，但可以凭借着这些拼凑出这只恐龙的样子，并通过与其骨骼类似的大盗龙类进行比对，计算出它的大小。

被吃掉，然后变成化石，然后被炸碎——

保存好一只完整的恐龙很难。

侏罗纪的食肉巨兽，萨尔特里奥猎龙，无论在生前还是死后都一样的顽强。它只留下了一块化石，是在阿尔卑斯山意大利山区发现的，而且还经历了几次动荡。

我要逆天改命！

萨尔特里奥猎龙

这块骨头上有这只恐龙死后被海洋动物吃掉的痕迹，它剩下的部分在海底变成了化石。

约3000万年前，当阿尔卑斯山脉被抬升时，这只恐龙化石也被带了出来。但不幸的是，它的埋藏点后来成为大理石采石场，它的化石被矿工用炸药炸成了碎块。

副栉龙的声音帮它们找到了朋友

副栉龙、赖氏龙和盔龙，它们仨看起来很相似，头上的头冠都可以当作喇叭。

而且它们在同一时期生活在同一个地方。

盔龙

副栉龙

这可能会让人混淆，但它们头冠里的通道略有不同，因此发出的声音也不同。这意味着恐龙们可以找到自己的同类（即使在黑暗或浓雾中），它们通过听群体的声音来辨认彼此。

赖氏龙

霸王龙最初的名字
没有那么酷

最初发现的三块霸王龙化石被人们以为分别来自三只
不同的恐龙。这三块化石分别发现于1892年，
1900年和1902年。

1902年和1900年发现的骨骼最早是按这个顺序被
命名的：第一只被称为霸王龙，第二只被称为强
壮蛮横龙。1892年发现的那块骨头在当时并没
有被确认为恐龙，所以没算上它。

当科学家们意识到它们
是同一种动物时，他们遵
循传统，只用第一个名字
来称呼它们，所以它们就
被称为霸王龙了。

霸王龙

我真酷！

如果科学家们按照发现的时间顺序来称呼它，我们现
在只会叫它强壮蛮横龙，这听上去就不那么酷了。

几乎每只霸王龙都有自己的名字

虽然不是所有的霸王龙都有名字，但最近发现的大部分霸王龙化石都已经被命名了。还没有其他种类的恐龙得到过如此特殊的待遇。

已被命名的霸王龙分别是：斯坦、汪克尔、苏、斯科蒂、巴基、简、托马斯、特里斯坦、宝贝鲍勃、特里克斯和塔夫茨-爱。

让我们欢迎今晚的鼓手"斯坦"和吉他手"苏"！

它们之中大部分还在美国，斯科蒂在加拿大，特里克斯在荷兰，而特里斯坦的新家在丹麦。

1908年至1987年间没有发现霸王龙，而1987年以来发现的所有霸王龙都被命名了。我们把霸王龙研究得透透的。

双脊龙的黑历史

**双脊龙可能是被误解
最多的恐龙。**

我没毒，我
很酷！

1993年它出现在第一部《侏罗纪公园》电影中，当时它
是一只会吐毒液、扭动着颈盾，和拉布拉多犬差不多
大小的动物。但它独特的地方在于有自己真实的模
样和生活方式，这和电影导演想象的并不一样。

首先，它并不吐毒液。其
次，它没有可以伸缩的颈
盾。第三，它比狗大得多。
它的名字被一些并不存
在的生物盗用了。

双脊龙有两个非常体面
的头冠，身长约6.5米，比
一头大型的熊还要重。

作为来自北美的侏罗纪早
期恐龙，它非常与众不同。
因为恐龙是很晚才从南美
洲迁徙到这里的，所以早
期的恐龙化石很罕见。

伶盗龙是上了大银幕的一种恐龙

比起真正的伶盗龙，电影《侏罗纪公园》里的伶盗龙更接近恐爪龙。

伶盗龙和一只大型的鸡差不多高——但是更加凶猛，而且尾巴更长。

伶盗龙身上长的是羽毛而不是鳞片。

如果你能把伶盗龙们捏在一起的话，你需要大约七只真正的伶盗龙才能做出一只《侏罗纪公园》中的伶盗龙，因为电影中的它太大了。

伶盗龙的化石被发现时是单个单个的, 没有证据表明它们成群地狩猎或生活在一起。

伶盗龙的名字的意思是 "快速的盗贼", 它的时速可以在短时间内达到每小时40公里。

如果当时有人类小朋友的话, 它们也不太可能去袭击的。因为它们很可能只抓很小的猎物。

尽管对于恐龙来说, 伶盗龙是相当聪明的, 但它并没有像电影中那样聪明到懂得如何转动门把手。

弯剑角龙有着 十分奇怪的角

这只来自北美的角龙类并没有在它的颈盾上投入太多的心思，但它的角很可能在选美大赛中胜出。

两只巨大的、弯曲的、镰刀状的角从它的颈盾上伸出来，几乎快要弯到它的脸上。它名字里"弯剑"的意思就是"弯曲的剑"。

我才不是最奇怪的那一个……

弯剑角龙

它没有鼻角，但是有两个大大的额角。而且，它发育相当不良的颈盾卷到了另一对角上，这使它的头前端变得非常尖。

它不是角龙中体型最大的——它的身长只有6—8米，体重约有三角龙的一半——但它是最令人叹为观止的恐龙之一。

异特龙可以和霸王龙一较高下

异特龙就是它那个时代的霸王龙。

异特龙生活在约1.55亿年前（所以比起异特龙，我们人类与霸王龙的时代更接近），当时基本没什么动物能逃过它的利爪——它的化石在遥远的北美、葡萄牙、西伯利亚和泰国都曾被发现过。

这只粗壮的食肉动物不仅能打倒一只中型的蜥脚类恐龙，还能与剑龙搏斗（但它并不总是赢）。

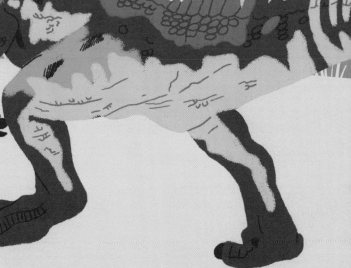

异特龙

藏起来可没什么用！

它能以约每小时34公里的速度奔跑，并没有特别快，但足以抓住它的晚餐。

一个名字，两个明星：温迪和她的温氏角龙

温氏角龙生活在约7900万年前的加拿大，是三角龙的远古亲戚。

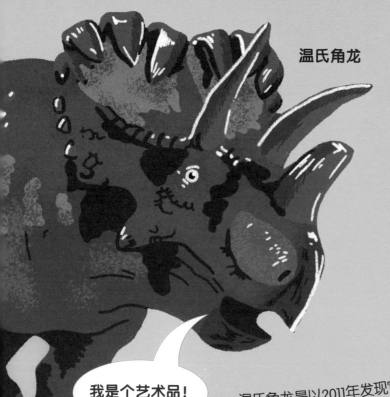

温氏角龙

它的鼻角很钝，介于肿鼻龙的鼻尖和一个真正的角之间。它的颈盾周围有小小的卷曲的尖刺。

如果不是因为它眼睛上方的那双大角，你可能会认为它是可爱的而不是具有威慑性的。

我是个艺术品！

温氏角龙是以2011年发现它的化石猎人温迪·斯洛博达的名字命名的。她和恐龙一样都是明星了，现在她身上有一个文身，就是她的温氏角龙！

前似鸵龙在橱柜里藏了约80年

最开始时，它在地下待了约7500万年，后来当它被挖掘出来时，它的化石又被错误地归类为其他东西，就一直被留在了仓库里。

但在2016年，古生物学家们把它从柜子里找了出来仔细观察，发现它是一个全新的物种。

它的全称——逃避前似鸵龙，指的是它拥有长时间逃避侦查的能力。

前似鸵龙

前似鸵龙属于似鸟龙类，这意味着它看起来像一只鸟，而且很像鸵鸟——除了它长长的尾巴。

包括尾巴在内，它身长可能有3米，身高约1.5米。

成年霸王龙没有羽毛

但是，它们的宝宝很可能有羽状的绒毛。

化石显示，霸王龙有着鳞片状的爬行动物皮肤，正如人们一直想象的那样。而它的中国亲戚羽王龙，体型与霸王龙很接近，但有着丝状的羽毛。

如果霸王龙长了羽毛，它可能会体温过热。出于同样的原因，非洲的大型哺乳动物，比如大象和犀牛，都没有毛茸茸的身体。

但早期的长毛犀牛和猛犸象生活在寒冷的地区，就需要毛发的帮助来保持温暖了。

我毛茸茸的宝宝！

霸王龙一辈子都生活在北美西部的炎热环境中，而羽王龙则生活在更寒冷的气候中，也就需要羽毛来保暖。

奥斯尼尔·马什发现了许多种类的恐龙

奥斯尼尔·马什，一位恐龙界的明星，是十九世纪末美国最伟大的化石猎人之一。

他富有的叔叔去世后给他留下了10万美元，他用这笔钱建立了一个化石搜寻组织，雇了很多人来寻找化石，然后对这些化石进行研究并命名。

他和他的工作人员总共发现了500多具动物化石，包括美国的第一只翼龙和另外一些极为著名的恐龙，如剑龙、三角龙、雷龙和异特龙。他总共命名了约80种恐龙。

没有人愿意把三角龙一直藏在柜子里的！

他收集了如此之多的化石，不可能把它们全部研究完。其中有许多化石被储藏了几十年，这几十年间一直没有被拿出来研究。

爱德华·德林克·柯普
也不甘示弱

爱德华·德林克·柯普是另一位著名的"恐龙化石猎人之星"。

尽管柯普没有受过什么正规教育，但他在二十世纪发现了56种新的美国恐龙——以及共计约1000种史前动物化石。

他在许多奇怪的方面都喜欢与马什竞争（见第35页），他取得了很多成就，一生发表了约1400篇科学论文。

······999，1,000！

圆顶龙

异齿龙

他发现的动物化石包括腔骨龙、圆顶龙化石，还有早期恐龙时代的爬行动物异齿龙化石。

然而最终，他寻找恐龙的热情以及与马什的竞争导致他花光了所有的钱。

发现了霸王龙的那个男人的名字来源于一个马戏团

巴纳姆·布朗的名字源于著名的马戏表演者——P.I.巴纳姆。他是一个爱炫耀并古怪的人，经常穿着一件长长的海狸皮大衣出现在化石挖掘点，还总是戴着领带。

布朗是二十世纪最伟大的化石猎人之一，他在世界各地旅行，发现了许多除恐龙之外的其他动物化石。

他受雇于美国自然历史博物馆，寻找和获取化石。他曾在加拿大的一条河上漂流了好几年，在任何看起来可能会产生化石的地方都曾停留过。

1902年时，他找到了他的霸王龙化石。

打破纪录的恐龙

怀俄明厚头龙在恐龙中有着最厚的头骨，厚度约有40厘米。

怀俄明厚头龙

雷利诺龙的尾巴是身体的3倍长，有着所有恐龙中最大的尾身比。

雷利诺龙

棘龙是最大的肉食恐龙，约有15米长。

棘龙

似鹈鹕龙是牙齿最多的肉食动物之一，约有220颗牙。

高桥龙的蛋最大，长度能够达到约30厘米，有73个鸡蛋堆在一起那么大。

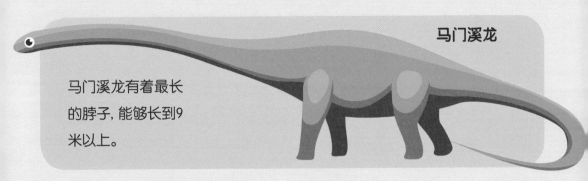

马门溪龙

马门溪龙有着最长的脖子，能够长到9米以上。

我活着的时候可不叫苏！

1997年，霸王龙"苏"的骨骼被卖到了836万美元，是史上最高的化石价格。

华丽角龙的颈盾是所有角龙中最大的。

蜥脚类极巨龙可能拥有最长的尾巴，大约30米。另一种观点估算得出这类恐龙的尾巴长度只有约15米。因为没有完整的化石，所以很难下定论。

犹他盗龙

南方盗龙和犹他盗龙是最大的盗龙类，身长达到了约6.4米——真是又大又吓人！

无齿甲龙有着很棒的尾锤

虽然甲龙非常出名，但它既不是最大的也不是最令人印象深刻的。而且它的尾巴形状比较笨重，有点像勺子。

但是无齿甲龙有点倒霉，它名字的意思是"没有牙齿的蜥蜴"，尽管它并不是完全没有牙齿。

无齿甲龙的尾锤更宽，也更复杂。

无齿甲龙

最初发现的化石，其头部在约7000万年的埋藏历史中受损，牙齿也不见了。

不仅如此，科学家们还一度认为它根本不是一个独立的物种，而是与包头龙一模一样的动物。不过，到了2010年，它终于拥有了自己的名字。

要去锤谁吗？我准备好了！

从地下"长"出来的 重爪龙爪子

1983年，化石猎人威廉·沃克在英国发现了重爪龙，当时他看到一个爪子露出了地面。

原来这是一根长约31厘米的巨大、弯曲的爪子，而这只恐龙的其他部分就在爪子的后面。

重爪龙生活在约1.25亿年前英格兰南部炎热的沼泽地带。它的鼻孔高高地长在鼻子顶上，有一张鳄鱼般的嘴巴，嘴里还长着弯曲尖利的牙齿，非常适合捕鱼。

鱼、鸟、禽龙……我不挑食的。

重爪龙

它可能经常站在浅滩上捕食鱼类——但在某只重爪龙胃里发现的一只禽龙遗骸表明，如果有别的动物经过，它也不太挑食。

鲸龙是第一只被发现的蜥脚类恐龙

尽管在当时，人们并不认为它是蜥脚类恐龙。

它名字的意思是"鲸鱼蜥蜴"。这个名字源于1842年第一个描述它的人，理查德·欧文，他以为它是某种海洋动物，比如鳄鱼。

不是蜥脚类恐龙？你怎么想的！

对于蜥脚类恐龙来说，它的体型可谓是相当小了，身长只有约16米，重量也只有约12吨——这对其他任何动物来说都是相当大的，但对于蜥脚类恐龙来说却不算大。

虽然大多数蜥脚类恐龙都生活在北美和南美洲，但鲸龙生活在约1.67亿年前的欧洲，最早被发现于英国。

甲龙可能会把蠕虫当成"小零食"

甲龙通常被认为是植食性恐龙。

它们没有用于咀嚼的牙齿，肚子又大又圆。树叶会直接进入腹部，在那里的细菌会把它们发酵（使甲龙变成一种肚子里充满了气体的动物）。

但最近科学家们提出，甲龙可能还会钻到土里寻找幼虫、臭虫和蠕虫（也许还有植物的根系）。

它们的鼻孔长在鼻子顶部，这对于那些会把鼻子插进泥土里的动物来说是很常见的。这很聪明——没人希望鼻孔里满是泥巴。

真好吃！

它们的前脚很强壮，善于挖掘。它们还有着很好的嗅觉，这能帮助它们找到地下的食物。

霸王龙甚至在"厕所圈"里都是明星

1998年在加拿大发现的霸王龙粪便化石有约45厘米长，这可是相当大了。

粪便上没有标签说明它们是哪一只动物留下的。科学家们不得不根据其中所含的食物种类，以及这是生活在大约6600万年前的动物所排泄的而得出结论。

他们想到了霸王龙，它是唯一能咬碎骨头的大型食肉动物。

快!快跑!我刚刚拉了一坨臭气熏天的便便!

恐龙粪便里有相当多未消化的软组织，也就是说霸王龙狼吞虎咽地吃下一顿饭，食物在它的肠道里没待多久就从另一端出来了。

霸王龙

华丽角龙有着十分漂亮的颈盾

如果有许多角龙来竞争"最美颈盾"这一称号，华丽角龙最有可能获胜。

它的颈盾很大，甚至连边缘看起来也是小的颈盾。颈盾上有约15个小角，向内弯曲，看上去有点软但并不可怕。

它的头骨，包括头部和颈盾，共有约2米长。

我将把"最美颈盾"颁发给你！

华丽角龙

约7600万年前，华丽角龙生活在北美西部炎热的沼泽地带里，比它后来的表亲三角龙还要早。这是一片郁郁葱葱的好地方，化石猎人们把这里称为"失落的大陆"。

有些恐龙的名字是虚幻的

恐龙化石通常与一种已命名的恐龙和某些恐龙长什么样联系在一起。但有时它们留下的唯一化石是痕迹化石，如脚印或拖拽痕迹。

古生物学家们会给足迹命名，即使还没有和它们相匹配的恐龙。他们对足迹进行分类和命名，把足迹独立于造迹者之外。

最常见的一种化石叫作跷脚龙足迹，这是兽脚类恐龙留下的三趾型脚印。

在不同时期，世界各地都发现了许多不同类型恐龙留下的跷脚龙足迹。

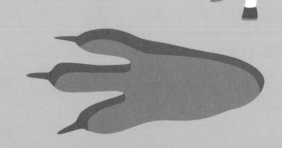

沉龙很可能喜欢
潜在湖底

沉龙是一种鲜为人知的恐龙，生活在大约1.12亿年前的非洲。

它们的外形有点像禽龙，不过脖子比禽龙更长，腹部和背部比较宽阔。

这些都很正常。但它的发现者认为，它可能至少是部分水栖动物——也就是说它喜欢游泳，可能会在水里待一段很长时间，就像现在的河马一样。

沉龙

与河马相同，它的四肢又短又结实，不可能在陆地上快速移动。所以对它们来说，躲在湖里可能更安全。

为了防御在水中生活的早期鳄鱼，沉龙的拇指上有一个巨大而锋利的尖刺。

在蒙古，恐龙会用鼻隆和拇指上的尖刺来竞争

来自蒙古的两种几乎没有亲缘关系的恐龙，它们的鼻隆和拇指上都长有尖刺。

乔伊尔齿龙和体型较大的高吻龙都属于禽龙类恐龙（长得像禽龙），但它们的鼻隆是分别以不同的方式演化而来的。

鼻隆看起来像是软软的肉附着在隆起的鼻骨上。

乔伊尔齿龙

不许捏它！

这可能是恐龙吸引配偶的一种方式。也许它是明亮而引人注目的，又或许它能够制造出声音——但真相我们无从得知了。

剑龙的骨板有些古怪

**大多数剑龙的背部都有整齐对称的
尖刺或骨板。**

剑龙是一种奇怪的恐龙——从脖子后
面一直延伸到尾巴，排列着奇怪且
不对称的大骨板。没人知道这对剑
龙有什么用。

你说谁不
靠谱？

剑龙

剑龙也没有巨大的
肩棘，而大部分其他
的剑龙类恐龙都有。

尖刺会让剑龙变得笨拙，很难在灌木丛和
树木之间穿梭，但也让捕食它的恐龙无法
靠得太近。

在恐龙多的地方，不被
吃掉是值得自豪的能力。

带棘的棘龙

棘龙是最大的食肉恐龙之一——甚至比霸王龙和异特龙还要大。

它的身长能够达到12.5—18米，重量可达约18000千克（近20吨）。

它背上的一排棘能达到约1.6米长。

这些刺可能组成一个峰状，或者形成帆状，但通常会被画成帆状。

棘龙有一个鳄鱼般的吻部和锋利的、弯曲的牙齿，防止鱼从它的嘴里滑落。

它生活在约1.12亿年
到9700万年前的
非洲北部。

1915年时，在埃及
发现了第一具棘龙
的化石。

我只想划船。

幸运的是，2014年在摩洛哥
又发现了另一具。

这批化石在第二次世界大
战时，于一次轰炸德国慕
尼黑的空袭中被毁。

来吧，水里的
大可爱们！

棘龙可能是浅水涉水者，但不会游泳。它太轻了，
可能会浮在水面上，所以无法潜水寻找食物。

有种以鲨鱼的名字命名的恐龙，特别可怕

然而恐龙先出现，所以其实似乎应该以这个恐龙的名字来命名鲨鱼……

鲨齿龙的名字意为"大白鲨一样的蜥蜴"，而且它配得上这个名字。

虽然没有霸王龙那么大，但鲨齿龙也可能有12米长——足以让人害怕了。它曾和棘龙一起生活在非洲。

鲨齿龙的牙齿长约16厘米，呈锯齿状，看起来像弯曲的牛排刀。

看看这些钉子！

鲨齿龙

在很长一段时间里，对于鲨齿龙科学家们只有牙齿可以研究，因为在第一次世界大战中，最初发现的鲨齿龙化石被炸弹摧毁了。1995年发现的另一件头骨证实了它可怕的大小——仅仅是头骨就有约1.5米长。

"超级鳄鱼" 把喝水变成了一件对恐龙来说非常危险的事情

尽管并不是恐龙，但帝鳄的存在，对约1.12亿年前的非洲小型恐龙来说是一个很大的威胁。

作为最大的鳄类动物，它身长可达约12米，是现代最大的鳄鱼——咸水鳄的两倍长。

它要花费40—50年的时间才能够成年——所以到了快30岁的时候，它还只是个青少年。

从它的牙齿来看，帝鳄并不只以鱼类为食，而是什么都吃。它会捕捉任何不幸靠近它的生物，包括恐龙。

我不挑食！

帝鳄

禽龙从前可能是个 "变形者"

禽龙是开启整个恐龙时代的 恐龙明星之一。

针对禽龙化石的某些部分, 英国地质学家理查德·欧文提出, 这个已经灭绝的大型动物与现存的所有动物都不同, 并将其命名为 "恐龙"。

然而, 起初人们对禽龙的认识是完全错误的。玛丽·曼特尔和吉迪恩·曼特尔把禽龙的牙齿给法国专家乔治·居维叶看时, 居维叶认为那是某种类似于大型河豚的骨头。

愚蠢的人类!

接着, 曼特尔先生提出了这是一种已经灭绝的大型植食性爬行动物的观点。因为他去博物馆时, 发现了一具鬣蜥的骨架与这些化石有些相似。

接下来的一个观点认为这是一种鼻子上长了角的、像爬行动物的犀牛。这个角在十九世纪七十年代被鉴定为拇指上的尖刺。

小行星的遗迹为大灭绝理论提供了证据

2019年，古生物学家在美国北达科他州发现了一个化石点，其中保存了约6600万年前致命的小行星撞击墨西哥湾后的瞬间。

该地区到处都是立即死亡的动物化石，包括被巨大的海啸（波浪）抛到岸上的鱼，它们的身体和鳃里布满了岩石碎片。

很可能是滚烫的小行星从天而降，落在陆地上就引发了大火。等到后世发现的时候，小行星已经成为了遍布该地区的球形陨石，并嵌在动物体内。

这场距离墨西哥湾约3000公里处的灾难，就发生在撞击的大约40分钟后。

301

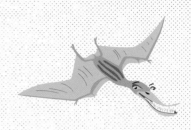

索引